colección la jirafa sabia

formas y colores

Evelyne Mathiaud

Ilustraciones de Nicole Verrechia

ediciones sm General Tabanera 39 28044 Madrid

En este libro vas a encontrar
estas cuatro formas:

el círculo el cuadrado

el rectángulo el triángulo

Míralas, fíjate bien.
Las vas a encontrar
en las páginas siguientes.

También vas a aprender
los colores...
¡y a jugar con ellos!

verde
amarillo
rojo
azul
violeta
naranja
rosa
marrón

VERDE

como la rana

Estas formas son verdes menos...

el triángulo

AMARILLO

como el plátano

Estas formas son amarillas menos...

el cuadrado

ROJO

como las cerezas

Estas formas son rojas menos...

el círculo

AZUL

como la zapatilla

Estas formas son azules menos...

el cuadrado

VIOLETA

como el vestido

Estas formas son violetas menos...

el triángulo

NARANJA

como la naranja

Estas formas son naranjas menos...

el círculo

ROSA

como el cerdito

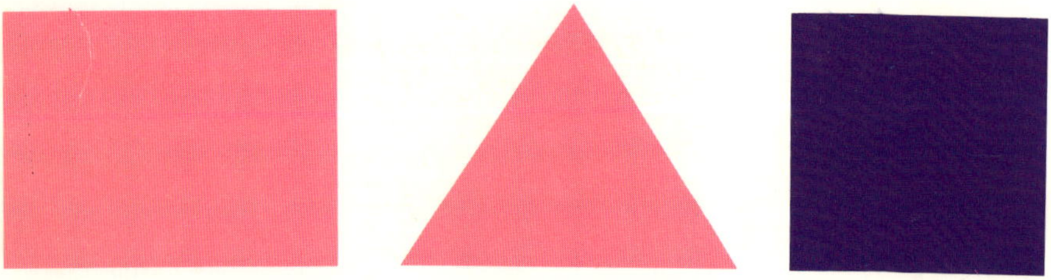

Estas formas son rosas menos...

el cuadrado

MARRÓN

como la silla

Estas formas son marrones menos...

el rectángulo

Ya conoces:

- los cuadrados
- los rectángulos
- los círculos
- los triángulos